LE
NEURO-ARTHRITISME

et les

EAUX DE NÉRIS

(Allier)

LE

NEURO-ARTHRITISME

et les

EAUX DE NÉRIS

 **(Allier)**

Notice du Docteur F. BENOIT

Médecin-Consultant aux Eaux de Néris
Chevalier de la Légion d'Honneur
Officier du Nicham-If-Tikhar, etc.

Paris
Typographie A. Davy

—

1905

LE NEURO-ARTHRITISME

ET

LES EAUX DE NÉRIS

(ALLIER)

Spécification des Eaux de Néris

La caractéristique des Eaux de Néris (Allier), si appréciées depuis les Romains pour leur action thérapeutique, est: qu'elles sont souveraines contre les maladies des *Nerfs*. Puissantes modificatrices des *Névroses et du Neuro-arthritisme*, ce sont des eaux thermo-minérales émergeant à 52 degrés.

Composition chimique.

Leur composition dénote une capacité minérale de 1 gr. 267 de résidu salin par litre, seulement, dont les bicarbonates alcalins forment le principal apport, au milieu d'une variété étendue de sels de compositions multiples, relevée plus particulièrement par J. Lefort et par le professeur agrégé Carles de Bordeaux : bicarbonates, sulfates, silicates, fluorures, chlorures, azotates, de calcium, de lithium, de baryum, de manganèse,

de sodium, de potassium, de cuivre, de plomb, etc.
Elles tiennent en suspension une matière organi-
que particulière, très abondante, provenant principalement d'Algues du genre conferves. Les dé-
pôts qui forment une boue compacte en épaisses
couches dans les conduites de captage contiennent une quantité notable d'Uranium. D'une façon permanente il se dégage au griffon des
Sources de grosses bulles d'Azote.

Conferves et Nérisine.

Les Conferves de Néris sont des végétaux aqua-
tiques, dégageant une odeur toute spéciale, d'une
senteur lénitive et reposante, rappelant un peu
celle de l'épinard cuit avec une nuance d'arome
vireux surajouté, dont les cellules s'imprègnent,
en leur faisant subir une véritable assimilation,
des éléments minéraux que contiennent les eaux.
Ainsi combinés aux éléments gélatineux de ces
plantes, ceux-ci donnent lieu à des applications
thérapeutiques, dont l'efficacité m'a permis de
très intéressantes observations et me semble ba-
sée sur ce que l'assimilation qui en a été faite
par des cellules vivantes les rend dorénavant
particulièrement assimilables pour l'organisme.
Ces Conferves appartiennent à une espèce d'al-
gue dénommée par les botanistes « Tremella
thermalis de Thore », beaucoup plus employées
jadis qu'aujourd'hui en applications directes,

sur les dermatoses relevant du traitement de Néris, soit en guise de véritables cataplasmes fon-
dants, contre les douleurs et les rhumatismes,
soit encore sous forme de « bains de limon », elles
ont donné d'excellents résultats modificateurs et
sédatifs. Depuis, un extrait glycériné a été tiré de
cette plante sous le nom de Nérisine, et, pour
ma part, j'ai été appelé à en constater les effets
remarquablement calmants et thérapeutiques,
non seulement à Néris en cours de traitement
thermo-minéral, mais aussi dans des cas se présentant à mon observation en dehors de ce traitement, contre les névralgies, le rhumatisme vague neuro-arthritique, les dermatoses d'origine
nerveuse, les irritations de la peau ou des muqueuses (pharyngée, vaginale, etc.).

Propriétés physiques.

La radio-activité des Eaux de Néris a été l'ob-
jet d'observations intéressantes de MM. Curie et
d'Arsonval.

Dans le tableau de P. Curie, sur les détermina-
tions quantitatives des diverses sources en Radium, à la colonne qui donne en unités électro-
statiques l'intensité du courant produit par le gaz
émanant de l'eau dans l'électroscope, quatre
jours après la captation à la source, Néris occupe
le neuvième rang sur les seize sources contenant
du radium, il y figure avec le nombre 4,2, qui,

en raison de la loi de décroissance des effets du radium dans le temps, représente à la source même une intensité double, soit 8,4. En ce qui concerne les minutes pendant lesquelles il faut laisser séjourner un milligramme de Bromure de radium dans un litre d'air pour obtenir dans l'appareil le même courant qu'avec les gaz des eaux, nous relevons pour Néris 0,23 qui serait en vertu de la constatation énoncée plus haut, 0,46 à la Source.

M. d'Arsonval a déclaré que les Eaux de Néris sont manifestement radio-actives, le gaz du griffon, tout particulièrement, très riche en argon et en hélion, décharge très activement l'électroscope à feuilles d'or ; l'action d'un milligramme de Bromure de Radium étant prise pour unité, celle du gaz de Néris serait 0,11, l'action des Boues du dépôt 0,09 et celle de l'eau 0,03.

La plus forte radio-activité se rencontrerait aux étuves installées au-dessus des sources qui seraient saturées d'effluves radiées. Le gaz de l'eau de Néris capté au griffon fait dévier l'électroscope à feuille d'or de 100° en une minute. L'eau, à l'issue de la pompe du puits de la Croix de 80° dans le même temps, et l'air du petit établissement de 28° à 30°.

En outre, à la suite des travaux de Becquerel et de Scoutteten, les études de M. le docteur Allot de Commentry ont montré qu'une des particularités les plus intéressantes de ces eaux est leur réaction au point de vue électrique. Il a pu établir

scientifiquement et expérimentalement la teneur
en puissance électrique des eaux de Néris, et y
a constaté de tumultueux courants faisant dévier
l'aiguille du galvanomètre de 30° à 70° en relation des diverses modifications de leur température.

Ces courants électriques prennent naissance à
la faveur de la très grande variabilité dans leur
composition, des sels en solution, les bases fixant
de préférence tels ou tels acides suivant les chan-
gements de température de l'eau, puis en relation
du développement même des courants électriques
déterminés par ces échanges ; car l'attaque des
bases par les acides détermine dans l'eau con-
ductrice des courants variant d'intensité et de direction comme elle. Des polarisations et des dé-
polarisations incessantes se produisent en raison
des combinaisons salines nouvelles, les unes
fixes, les autres encore variables suivant le degré
de température de l'eau. Cette tumultueuse pro-
duction de courants et d'unités électriques infini-
tésimales nommées ions, favorise les groupe-
ments de ces unités, aux pôles de récentes for-
mations : anions, pour les pôles négatifs, ca-
thions pour les pôles positifs, tendant à la mobi-
lité, et à de nouveaux modes de fixation, au fur
et à mesure que les compositions, qui ont amené
leur constitution et que leurs affinités, les unes
pour les autres amènent des modifications dans
l'état du milieu. Ces modifications chimiques et
électriques persistent jusqu'à ce que l'équilibre

de température avec l'air ambiant restreigne de plus en plus les échanges d'acides et de bases. Elles demandent plusieurs heures pour ne plus être perçues à l'aide des enregistreurs électriques.

Une démonstration de la facilité avec laquelle certains acides des sels de l'eau de Néris se trouvent libérés de leurs combinaisons par refroidissement nous est fournie par ce fait, que cette eau à réaction généralement alcaline, mise tiède en carafe, attaque à la longue le verre et en dissocie les éléments vraisemblablement à la faveur des acides fluorhydriques, siliciques, etc., libérés de leurs combinaisons salines par refroidissement, en quête de reconstitutions de nouveaux sels au détriment des éléments du verre. Au bout d'un certain temps, les récipients en verre deviennent très friables sur certains points de leur paroi, le verre résistant par ses surfaces, ils finissent par être perforés comme sous l'action d'un corrodant. Le professeur agrégé, Carles, de Bordeaux, a mis ce phénomène en relief en gravant des caractères sur des plaques de verre, ne se servant uniquement comme mordant que de la stase prolongée de l'eau de Néris sur l'empreinte à graver. Cette facilité de libération de ses éléments minéraux constitutifs, par l'eau de Néris, fait penser que l'intensité de ses qualités thérapeutiques n'est peut-être pas sans relation avec l'action catalytique des métaux sur l'organisme récemment mise en évidence par le professeur

Albert Robin, dans sa communication sur l'action thérapeutique des Ferments métalliques.

Au point de vue de sa température, l'eau de Néris est beaucoup plus stable que l'eau ordinaire. Elle cède très difficilement sa chaleur, et il faut pour la refroidir, de ses 52° initiaux à la température ambiante, environ le double du temps nécessaire au refroidissement de l'eau ordinaire. La tolérance particulière des diverses muqueuses pour ses hautes températures vient peut-être en partie de ce qu'elle leur cède difficilement son calorique. L'élévation de sa température initiale de 52° à 100° demande le même temps que pour celle de l'eau ordinaire de 0° à 100° sous des pressions identiques.

Mode d'emploi.

La base du traitement à Néris est *le bain tiède plus ou moins prolongé*. De 32° à 35°, 36°, 37° et 38° de température, la durée des bains varie suivant les cas et l'impressionnabilité individuelle de cinq minutes, dix minutes...., à une demi-heure, et une heure. Au delà, le bain prolongé de deux heures, deux heures et demie, trois, quatre heures et même d'une durée encore supérieure, ne se donne plus que dans des cas exceptionnels.

L'usage de la baignoire est le plus général, et dans certains cas, le massage y est administré pendant le bain même.

Certaines affections nécessitant des mouvements plus étendus pendant le bain, les bains
de piscine sont également employés, leur température varie de 34 à 36°, il existe une piscine
à 38°.

Pour les bains très prolongés, une disposition
toute spéciale des baignoires avec hamacs de
suspension, matelas, modes de fixation, etc.,
est à la disposition des malades auxquels cela
est utile.

Quelquefois, des douches de vapeur, le plus
souvent des douches plus ou moins chaudes,
parfois de froides, complètent le traitement, de
durées variables, locales ou générales, externes
ou internes, etc. Quand le besoin d'un stimulant
tonique général se fait sentir, la douche écos-
saise remplit très heureusement l'indication.

Deux éléments du traitement que j'emploie
volontiers, le premier, contre les symptômes
douloureux du rhumatisme nerveux, certaines
névralgies et manifestations cutanées ou muqueuses neuro-arthritiqes, est tiré de l'application des *Algues Conferves de Néris* et de leur
extrait glycériné, la *Nérisine*.

Le second consiste dans l'emploi de l'eau de
Néris en pulvérisation, gargarisme et boisson,
dont l'action interne complète très avantageuse-
ment le traitement d'une foule de manifestations
morbides du neuro-arthritisme.

Comme adjuvants, les cures de régime, les
différents modes de massage, humides ou secs,

l'exercice gradué, la gymnastique suédoise, la cure de repos, la Psychothérapie, tiennent une place importante.

Durée du traitement.

La saison thermale à Néris a lieu de juin à septembre inclus. La durée des traitements qu'on y vient suivre dépend essentiellement des besoins ainsi que de la réaction de chaque malade. Des stades de suspension étant parfois indiqués pour favoriser l'accoutumance, la nécessité du séjour dans la station peut varier d'environ trois semaines à quarante et soixante jours.

Un point très important, en raison de l'accroissement de la pression circulatoire qu'y produit l'usage des eaux, est que les malades du sexe féminin arrivent à Néris de préférence vers le milieu de leur période intermenstruelle.

Action des Eaux.

L'Action principale des Eaux de Néris est l'*équilibre nerveux* et la *sédation*, obtenus sous les influences complexes qu'elles ont sur l'organisme par leurs puissances thermo-minérales (J. Lefort, Carles), électriques (Scoutteten, Becquerel, Allot), catalytiques (Ferments minéraux de A. Robin), radio-actives (Curie, d'Arsonval).

Elles réagissent également sur la circulation, en dehors de la régulation des mouvements cardiaques, et de leur action propre, si heureusement modificatrice du nervosisme du cœur, elles produisent une augmentation de la pression sanguine qui contre-indique d'une façon nette l'envoi aux eaux de Néris des malades dont les artères sont en mauvais état, ou ceux qui, pour une raison quelconque, ont une tendance aux hémorrhagies.

Elles produisent une stimulation des sécrétions et des excrétions et une réaction générale assez intense.

Dès les premiers bains, jusqu'à ce que l'accoutumance s'établisse, du côté du système nerveux apparaît parfois, comme une exagération momentanée des divers symptômes précédant l'amélioration que le traitement ne tarde pas à amener, et, du côté de l'économie générale, divers troubles perçus plus ou moins profondément, pouvant amener de l'état saburrhal, de la fatigue, une légère courbature, un peu de somnolence pendant le jour, d'agitation pendant la nuit, des mouvements fébriles, des érythèmes légers, et, quelquefois, un peu de diarrhée, enfin, d'abondantes décharges uriques, tous phénomènes se modifiant rapidement et que la direction médicale du traitement, conduite avec tact, arrive à atténuer et à enrayer.

La réaction physiologique n'en est pas moins si intense et si profondément déterminée que ce n'est le plus souvent que quelque temps après la cessation du traitement que les malades perçoivent le maximum d'effet salutaire de leur saison.

Affections tributaires des Eaux de Néris.

La variété d'action des eaux de Néris, suivant l'application qui en est faite sous la direction des médecins consultants de la station, met entre leurs mains un instrument précieux pour le traitement des diverses formes du neuro-arthritisme.

La nomenclature alphabétique ci-dessous peut en donner un aperçu :

Abasie choréïforme.

Abasie trépidante.

Aboiement hystérique.

Acroparesthésie.

Adipose (Hyper-).

Affections génitales (névropathiques ou douloureuses).

Agitation nerveuse.

Algies.

Aménorrhée.

Amyotrophie progressive (débuts).

Anémie cérébrale (débuts).

Arthralgies post-traumatiques

Arthropathies nerveuses.

Astasie-abasie.

Ataxie locomotrice (débuts).

Athétose.

Atrophie progressive myopathique (sans symptômes bulbaires.)

Atrophie juvénile de Erb (débuts).

Atrophie de Déjerine-Landouzy (débuts).

Basedow (débuts de la maladie de).

Bradypepsie.

2

Bradytrophies.
Brûlures (cicatrisation).
Casque neurasthénique.
Catarrhe utérin.
Catarrhe vaginal.
Céphalée des adolescents.
Céphalée hystérique.
Cérébrasthénie.
Chéloïde.
Chloasma.
Chorée de Bergeron.
Chorée fibrillaire.
Chorée procursive.
Chorée rythmique.
Cicatrices vicieuses.
Coccydinie.
Dilatation de l'estomac.
Dyskinésies professionnelles.
Dyslalie neurasthénique.
Dysménorrhée douloureuse ou non.
Dyspepsie nerveuse.
Dyspnées nerveuses et utérines.
Echolalie.
Echokinésie.
Eczéma.
Entéroptose.
Epilepsie.
Ephélides.
Eréthisme nerveux.
Eructations nerveus s.
Eructations utérines.
Fatigue cérébrale.

Fatigue nerveuse.
Hémiplégie (non récente).
Herpès.
Hoquets.
Hyperesthésies.
Hypocondrie.
Hypo-esthésies.
Hystérie.
Hystéro-neurasthénie.
Hystéro-traumatisme.
Insomnie.
Leucorrhée.
Lichen.
Lumbago.
Maladie de Parkinson (débuts).
Maladie de Thomsen.
Méralgies paresthésique.
Métrite.
Migraine.
Myélasthénie (irritation spinale).
Myélites diffuses a frigore ou d'origine traumatique ou toxique.
Nervosisme.
Neurasthénie.
Neuro-arthritisme.
Névralgies périphériques ou viscérales.
Névrites et polynévrites.
Névrose cérébro-cardiaque.
Névrose émotive.
Névrose traumatique.
Obésité.

Ovarite.
Paralysie alcoolique.
Paralysie faciale.
Paralysie générale (débuts).
Paralysie hystérique.
Paralysie infantile.
Paralysies périphériques.
Paralysies toxiques.
Paramyoclonus multiple.
Paramyotonia congenita.
Paralysie spasmodique.
Pathophobie.
Pelade (d'origine nerveuse).
Pemphigus.
Phlegmasies pelviennes sans complications.
Photophobie.
Polynévrites périphériques.
Prurigo.
Prurits.
Pseudo-angine de poitrine.
Pseudo-chorée.
Pseudo-tabes.
Psoriasis.
Rachialgie.
Raideurs articulaires,
Raideur musculaire.
Raideurs tendineuses.
Railway-brain.
Railway-spine.
Rhumatisme aigu (convalescence).
Rhumatisme chronique.
Rhumatisme vague.

Rhumatoïdes (douleurs).
Salpingite.
Sciatique.
Sclérose en plaques (débuts).
Shok traumatique.
Spasmes cloniques ou toniques.
Spasmes nutans.
Spasmes saltatoires.
Spermatorrhée.
Stérilité féminine.
Surmenage intellectuel.
Tabes (débuts).
Tabes dorsalis spasmodique.
Terreurs nocturnes.
Tétanie.
Tics.
Tics convulsifs.
Tics coordonnés.
Tic de Salaam.
Tic douloureux de la face.
Torticolis (non osseux ni articulaire).
Toux nerveuse.
Toux utérine.
Tremblements.
Troubles de la pigmentation.
Ulcères atones.
Ulcères variqueux.
Vertiges des névroses.
Vertige stomacal.
Vertige utérin.
Vitiligo.
Vulvites

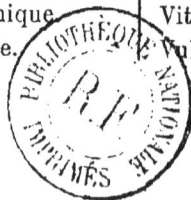

Vulvo-vaginisme.
Xanthélasma.

Xérodermie.
Zona (et névralgies du).

Contre-indications du traitement de Néris.

Il est important de ne point soumettre au traitement de Néris, des malades dont l'état pourrait les exposer à de fâcheux contre-coups.

De ce nombre sont les malades atteints *d'artério-sclérose* qui sont exposés à des ruptures
vasculaires ou à des embolies, ceux qui ont subi
un *ictus cérébral à une date trop rapprochée,*
où dont des rechutes récentes feraient soupçon-
ner une tendance inquiétante aux *répétitions
hémorrhagiques.*

Il importe encore de ne point envoyer à Néris
de malades en état de *dépression prononcée,*
ils ne pourraient, en effet, supporter le traitement.

Par suite de la réaction parfois assez intense
des eaux pouvant donner un coup de fouet mo-
mentané à des *lésions assez graves pour entraîner un danger,* il faut éviter l'envoi aux eaux, de
malades *dont l'exacerbation patohlogique me-
nace avec trop d'imminence les centres vitaux,*
et, entre autres, les malades atteints de *phénomènes bulbaires,* les paralysies à symptômes
glosso-labio-laryngés. La médication de Néris
donnant une réaction circulatoire, momentané-
ment assez prononcée, il ne faut pas y envoyer
non plus les malades qui, pour une cause quel-

conque, seraient enclins aux *hémorrhagies ac-
tives ou passives, externes ou internes* ; c'est
pour cette raison qu'il faut éviter d'y envoyer
ceux qui n'en sont même que menacés, et dé-
conseiller l'emploi des eaux de Néris dans la
Tuberculose, le *Cancer,* les *Phlegmasies con-
gestives,* la *période aiguë des Phelgmasies pelviennes,* les *Métrorrhagies,* la *Paramétrite,* les
*Collections purulentes dans les annexes ou dans
le petit bassin.*

De même, les eaux de Néris sont à déconseil-
ler dans la *période fébrile du Rhumatisme articulaire aigu,* dans l'*apparition récente de l'En-
do-péricardite, dans l'Angine de poitrine vraie,*
alors qu'elles procurent un soulagement si sa-
tisfaisant à rechercher dans la pseudo-angine.

---

*Endométrite à catarrhe purulent. Spasmes
utérins graves.*

Mme T..., âgée de trente-neuf ans, est atteinte
depuis trois ans d'endométrite chronique, suite
de fausse-couche, faite à sept mois à délivrance
incomplète, ayant nécessité dans la suite un curetage pratiqué il y a deux ans. Cette malade
est affectée, en outre, de spasmes utérins,
d'une intensité et d'une ténacité découragean-
tes, ayant débuté six mois après son premier
curetage, suivi, il y a un an, d'un second râ-
clage utérin, puis, il y a dix mois, d'une ampu-
tation du col.

Menacée d'une ablation totale de l'organe,
elle se présente à nous avec un utérus volumi-
neux, le moignon du col est excorié et ramolli
avec ectropion granuleux et sanieux, laissant
perpétuellement sourdre un catarrhe purulent
très abondant. Des spasmes utérins, d'une vio-
lence inouïe allant jusqu'aux vomissements et à
la syncope, ne lui donnent de répit que par l'u-
sage tous les deux jours de deux centigrammes

de morphine et le décubitus constant sur un lit ou une chaise longue.

Le seul traitement suivi sous notre direction du 27 juin au 30 juillet a consisté en grands bains de baignoire dans l'eau de Néris de 36° à 37, 37° et demi et 38°, variant d'un quart d'heure à soixante minutes de durée, avec usage de spéculum grillagé pour bain interne, et de bocks alimentés d'eau minérale chargée de Nérisine, extrait glycériné des algues se développant dans les eaux de Néris et se nourrissant de ses sels, à raison de 40 grammes par litre. Ces bocks de un litre, puis deux litres, puis progressivement quatre litres, étaient employés pendant les bains, la malade couchée dans sa baignoire, à 39°, 40° et 45°, avec une faible pression et de façon à ne fournir pour ainsi dire au début qu'un *véritable courant de balnéation interne*, et plus tard, *un très léger massage hydrique de minime durée.*

Aucun autre traitement ni pansement d'aucune sorte n'a été employé. Je tiens à insister sur ce fait à peu près constant dans ma pratique à Néris, que la guérison de la plupart des affections utérines m'y semble *d'autant plus facilitée* que les *examens spéciaux sont plus espacés* et que l'emploi de *traitements associés* (pansements, médicaments, etc.), *est écarté comme y devenant généralement inutile.*

Le traitement n'a comporté *qu'une seule séance hydrothérapique par 24 heures.* Il a été interrompu à deux reprises pendant un jour, puis au moment des époques, pendant six jours, du 19 juillet au 24 juillet, ce qui réduit la totalité du traitement suivi à 26 jours.

A partir du septième bain, le 4 juillet, le malade ayant pris un jour de repos en suspendant son traitement pendant 24 heures, Mme T... restreignait l'usage de la morphine qu'on commençait par lui injecter à son insu en doses décroissantes, puis en mettant un jour de plus d'intervalle entre les piqûres. On pût en cesser l'emploi à partir du 12 juillet, date de son quatorzième bain, et en mettant à profit le bien-être progressif produit par la balnéation et particulièrement la diminution des spasmes en intensité et en fréquence, qu'on avait bien soin de lui faire saisir au fur et à mesure, de façon à prévenir toute protestation contre les résultats possible de sa part. Le 7 juillet, jour du troisième examen pratiqué depuis le début, et du dixième bain, le col est en pleine voie de cicatrisation, et l'écoulement purulent commence à devenir muqueux. Aussi la malade abandonne-t-elle progressivement sa chaise longue et fait-elle quelques pas dans sa chambre. Le 13 juillet, quatrième et avant-dernier examen, après le *quinzième bain*, le col est cicatrisé, et l'écoulement devenu muqueux est peu abondant. Madame T..., peut, le lendemain, faire *sans être incommodée quelques pas au dehors.*

A partir de ce moment, la guérison s'accentue

tous les jours, la confiance presque enthousiaste la favorisant, du reste, fort heureusement.

Après le vingtième bain, le 18 juillet, les règles apparaissent presque sans coliques, *sans les spasmes habituels;* elles ne sont accompagnées ni suivies d'aucun désordre fonctionnel. Au terme du traitement, le 30 juillet, à la suite de son vingt-sixième bain, Mme T... quitte notre station en parfait état de santé. Le cinquième et dernier examen pratiqué deux jours avant, après le vingt-quatrième bain, nous avait montré le moignon du col parfaitement ferme et cicatrisé, un utérus de volume moyen et ne présentant plus d'apparence de sa morbidité antérieure.

Névrose. Spasmes utérins. Vomissements périodiques.

Mlle N...., vient à Néris pour des vomissements se répétant cinq et six fois par jour, durant trois jours, à chacune de ses périodes physiologiques. Ces vomissements ont résisté à toute espèce de médication depuis dix-huit mois, ils ont débuté à l'occasion d'un surmenage à la suite de soins donnés à une personne malade. Il existe, en outre, des maux de tête légèrement migraineux dans l'intervalle des époques et de la constipation. La digestion et l'appétit ne sont en général, pas des plus satisfaisants, cepen-

dant en dehors des crises, l'alimentation s'o-
père presque normalement. Des cauchemars
troublent la plupart des nuits ; assez fré-
quemment, et toujours entre minuit et deux heures du matin, la malade se plaint de ressentir
des mouvements comme des battements dans
le bas-ventre, augmentant au moment des
époques. Mlle N... qui n'est pas très libre de
son temps, prend 18 bains à Néris, de 34° à 35°
de température, dont sept ont été suivis de douches tièdes ; la durée des bains n'a pas dépassé
35 minutes, la malade étant saisie au bout de ce
temps d'une appréhension irraisonnée. Des la-
vements tièdes à l'eau de Néris complètent le
traitement. Malgré la courte durée de sa saison, elle en tire un tel bénéfice que tous les
symptômes dont elle se plaignait sont à peu
près disparus. Les vomissements si pénibles
dont elle avait à supporter périodiquement les
assauts, ne se sont plus reproduits. Malgré
quelques maux de tête beaucoup moins violents
de temps à autre, elle estime que, pour elle,
l'année qu'elle a passée à la suite de sa saison
de Néris a été excellente.

Nervosisme. Métrite gonococcique.

Mme Z..., âgée de 22 ans, mariée à un mari
toujours malade, est affectée d'une métrite, re-

montant à deux années, que son médecin nous signale de nature gonococcique. Au mois de juin de l'année précédente la malade a eu, en cours de traitement, des accidents de métror-rhagie, et au mois d'avril dernier, un mois et demi avant son arrivée à Néris, une poussée de métrite et de salpingo-ovarite dont elle est à peine remise.

Elle se présente à nous avec des symptômes accusés d'endométrite et de métrite cervicale, d'abondantes pertes blanches, de la douleur ovarienne, à gauche, se plaignant, en outre, de tiraillements de l'estomac, de vertiges et de lourdeur de la nuque, constante et très pénible. La malade est d'une maigreur prononcée, d'aprence chlorotique et d'une impressionnabilité nerveuse exagérée, maladivement inquiète.

Le traitement consiste uniquement, pendant 32 jours que dure son séjour dans la station, du 10 juin au 11 juillet inclus, en 25 bains tièdes de 34°, à 36° et 37°, variant d'un quart d'heure au début à trois quarts d'heure, depuis le 16e bain jusqu'à la fin, pendant lesquels est admi-nistré un courant interne de 2 à 4 litres d'eau de Néris à 45°, additionnés de 40 à 80 grammes de Nérisine, ce bain interne est pris dans la po-sition horizontale. Tout autre traitement et tous autres soins sont laissés de côté, à part la pré-caution jusqu'au septième bain, pris seulement le 17 juin, de rester la majeure partie du temps allongée sur une chaise-longue, temps au bout

duquel, l'écoulement blanc modifié dès le cinquième bain d'aspect et d'épaisseur tarissant
progressivement, et l'inflammation des organes
s'amendant, elle put reprendre peu à peu sa liberté d'action. Au treizième bain, le 24 juin,
cette liberté fut étendue jusqu'à de petites promenades dans le Parc. Un régime de dyspepti-
que et l'usage de laxatifs à trois reprises com-
pléta la remise en train de toutes les fonctions.
Il ne fut uniquement pratiqué qu'un examen
spécial. A son départ de Néris, notre malade
était guérie, au point que le médecin qui nous
l'avait envoyée en était tout surpris. Son faciès
décoloré était redevenu rosé, son découragement
avait fait place à la satisfaction d'un bien-être
qu'elle ignorait depuis deux ans. Elle ne sen-
tait plus de lourdeur de la nuque, son nervosisme chagrin avait en partie disparu et son estomac, avec certaines précautions, fonctionnant
plus régulièrement, commençait à lui faire re-
gagner un peu d'embonpoint.

Métrite. Nervosisme. Fausses-couches répétées.

Mme B..., accouchée l'année dernière d'un
enfant mort pendant la grossesse, sans qu'on
puisse incriminer ni albuminurie, ni syphilis,
a fait, au commencement de l'année, une fausse-
couche ovulaire et est atteinte d'endométrite et
surtout de métrite cervicale, métrite ancienne

probablement, antérieure au mariage, nous
écrit son médecin, cause soupçonnée de l'arrêt
de développement des fœtus.

Cette jeune femme se présente à Néris avec
une leucorrhée abondante ; elle se! plaint, de
douleurs ovariques à droite, quand elle a mar-
ché et de sensibilité douloureuse de la région
des reins. Très nerveuse et d'un nervosisme ir-
ritable, elle souffre constamment de crampes
d'estomac et, tous les matins, à son réveil, est
prise de ténesme pseudo-dysentérique à la suite
duquel elle expulse quelques pseudo-membra-
nes, des mucosités et presque pas de matières
avant d'avoir pris un lavement.

Très fatiguée par des rêves la nuit, elle
éprouve beaucoup de peine à se lever et à se
mettre en train. Elle se fatigue très vite et as-
sure avoir remarqué que les injections chaudes
d'une solution étendue de permanganate de po-
tasse qui lui avaient été recommandées antérieurement pour son traitement, la fatiguaient
énormément et exagéraient ses pertes blanches.
Vu le nervosisme exagéré de la malade qui témoigne de la répulsion au simple toucher de son
pouls, et étant donné les renseignements précis
fournis par le savant et distingué médecin qui
la soigne à l'ordinaire, je ne pratique aucun
examen spécial pendant toute la durée de son
traitement.

Les bains de Néris sont inaugurés le 6 juillet,
et portés rapidement d'un quart d'heure à

35 minutes de durée, à la température de 33°
et 1/2 ; il y est adjoint quotidiennement un lavement à l'eau de Néris tiède, et pendant le bain
des courants internes d'eau de Néris à 40°, puis
à 45° à l'aide de bocks de 2 litres à 3 litres. Après
le huitième bain, le 13 juillet, apparaissent les
règles qui durent quatre jours pleins ; par pré-
caution, suivant son habitude, Mme B... reste
allongée 24 heures, car auparavant, il lui est ar-
rivé d'avoir des pertes hémorrhagiques. Ses règles qui, parfois, se prolongeaient une semaine
par à coups irréguliers, se passent cette fois-ci
très régulièrement, quoique ayant comme toujours une tendance à se prolonger à la suite par
de petites pertes, légèrement colorées. Sa période terminée, elle ne ressent pas de douleurs
comme à son ordinaire.

Le 19 juillet, elle reprend ses bains, puis le
complément de son traitement le lendemain. Au
douzième bain, le 22 juillet, des douches tièdes
à 38° de pression moyenne sur les épaules et le
dos, et les jours suivants sur les reins, les aînes,
et les jambes lui sont données. En cours de traitement, elle prend à plusieurs reprises un repos
de 24 heures pour faciliter son accoutumance.
Elle me fait remarquer que ses crampes d'estomac et son sentiment de fatigue ont disparu, que
ses selles sont devenues régulières, mais que son
flux blanc, après avoir subi une recrudescence
les premiers jours, quoique devenu moins épais
est encore, par moments, assez abondant. La

durée des bains est progressivement portée à 50
et 60 minutes, les douches ayant produit un retour de la fatigue sont suspendues ; et la malade
termine son traitement le 31 juillet ayant pris
18 bains, 15 douches-courants internes et 5 douches tièdes.

Un mois après, elle pouvait m'écrire : « Depuis mon retour de Néris, je me sens tout à fait
mieux, beaucoup plus forte, bien reposée, je
n'ai pas pris d'injections, les pertes blanches
que j'avais ayant été moins fortes sans être toutefois complètement finies. J'ai un retard de
7 jours dans mes règles ce mois-ci, j'ai un peu
de pertes blanches le matin, mais peu abondantes. » Ma malade, qui s'est très bien portée depuis, a eu une excellente grossesse, qui vient de
se terminer fort heureusement.

Névrose cardiaque. Fausse angine de poitrine. Endocardite.

Mlle A..., âgée de 25 ans, est affectée de névrose cardiaque, se manifestant par des palpitations tumultueuses avec douleur précordiale, s'irradiant dans le cou et le bras gauche accompagnées d'angoisse suffocante. Ce qui est particulièrement inquiétant, c'est que Mlle A... sort
d'une crise de rhumatisme aigu qui a duré un
mois, avec une rechute deux mois après ayant
atteint l'Endocarde. L'état aigu est enrayé depuis quatre mois.

Le 11 août, au moment des dernières règles, la malade avait eu de la fièvre avec de la dysurie et une forte crise de palpitations et d'étouffements.

Au moment où nous l'examinons, le 27 août, elle a les pieds enflés et des urines rares ainsi que de fréquentes palpitations.

Malgré que l'auscultation du cœur soit loin de nous rassurer, nous dénotant des symptômes d'Endocardite et d'insuffisance mitrale, nous inaugurons un traitement très prudent le 28 août par un bain à 34° d'une durée de cinq minutes, recommandant pendant le bain des effleurages de la poitrine pour mieux régulariser le jeu des poumons et de la circulation; le 2° bain est pris dans les mêmes conditions. Ces bains sont, suivant la méthode employée le plus souvent à Néris, suivis d'un repos au lit de trois quarts d'heure. Le troisième jour, le bain est suspendu de façon à couper toute réaction vive. Il est repris le 31 août et dure dix minutes; du 28 août au 15 septembre, la durée du bain est progressivement portée de cinq à dix minutes, un quart d'heure et 20 minutes et la température à 35°.

Au début, nous sommes obligés d'appuyer notre médication hydrothérapique de quelques doses de caféine et de bromure.

En 23 jours de traitement, il est ainsi pris 15 bains, coupés de stades de repos, qui produisent un amendement des plus satisfaisants. Les douleurs et les angoisses ont disparu à partir du

huitième bain et les souffles systolique et pré-
systolique, si nets au début, sont en voie de dis-
parition.

Sept jours après son départ de la station, la
malade a pu faire sans palpitations une longue
course à pied, et vers le milieu de janvier pouvait nous écrire que sa santé était des meilleures,
que son hiver se passait sans douleurs d'aucune
sorte avec un cœur bien sage, bien qu'elle ait repris des occupations professionnelles très acti-
ves et vraiment fatigantes.

L'année suivante, notre malade vient faire
une seconde saison, et nous sommes heureux de
ne rien trouver, à l'auscultation de son cœur, des
troubles antérieurs et de lui voir, par ce fait, con-
firmer un bien meilleur état de santé.

Névro-arthritisme. Douleurs rhumatoïdes
intenses. Règles douloureuses.

Mme J... arrive à Néris fort impotente. Elle
souffre depuis deux ans environ de douleurs qui
prennent tantôt les muscles, tantôt les articulations, et qui lui rendent de temps à autre tout repos impossible. Sa jambe droite, surtout depuis
quelque temps (trois mois environ) est parfois
le siège d'un œdème des chevilles et du mollet,
et fort endolorie dans sa partie musculaire et
également le long des os. Le trajet du sciatique

3

droit est légèrement douloureux à la pression, à l'échancrure. Cette dame se plaint de ne plus pouvoir marcher même dans son intérieur, sans en être empêchée par ses douleurs, et de souffrir parfois terriblement la nuit.

Nous inaugurons le traitement le 20 juin par des bains de 36° de dix minutes de durée, car cette malade a le cœur très impressionnable, elle est sujette à de fréquentes palpitations et à des oppressions. Cette durée de dix minutes du bain est maintenue pendant quatre jours.

Le cinquième jour, le bain est porté à un quart d'heure et également maintenu à cette durée les trois jours suivants. Dès les premiers bains, les douleurs s'amendent, et l'œdème semble avoir disparu. Mais, à ce moment, la malade qui nous avait déjà prévenu qu'elle souffrait de temps à autre de coliques surtout au moment de ses époques, voit ces coliques la tourmenter de nouveau, et elle est affectée d'un flux blanc d'une abondance excessive.

Nous n'en maintenons pas moins notre prescription générale, tout en poussant la température du bain à 37°, à partir du neuvième bain. A ce moment, les douleurs qui s'amendaient se réveillent pendant trois jours de suite, entrecoupant le sommeil de la nuit, nous insistons néanmoins sur la durée des bains que nous portons à vingt minutes. Or, au onzième bain, la malade ayant désiré porter d'elle-même la température de son bain à 38° vers la fin de celui-ci, en sort brusquement, congestionnée, avec quelques palpitations et quelques symptômes d'étouffement.

Le lendemain, elle suspend pendant un jour sa balnéation.

Elle reprend le 2 juillet son 12e bain, n'y reste, par prudence, qu'un quart d'heure, le maintenant à 37°.

Le 3 juillet, elle est en pleine époque menstruelle, celle-ci s'étant produite en avance de cinq jours, et sans les douleurs accoutumées.

Elle interrompt son bain durant cinq jours, le reprend le 8 juillet à 37°, d'un quart d'heure de durée. Après son troisième bain de reprise, elle se sent enfin bien soulagée, et, sur nos conseils, prend quelque exercice. Les flueurs blanches ont disparu, elle se sent également moins nerveuse et plus reposée.

Nous conseillons un peu de massage dans le bain, puis le prolongement graduel de celui-ci qui est porté successivement à 25, 30, 35 et même 40 minutes, avec une température de début de 36° 1/2; 37°, 38° vers la fin.

A deux ou trois reprises, à la suite du bain, se produit une légère poussée congestive de la peau, mais sans l'ennui de l'oppression ni des palpitations. Un mieux sensible s'est produit, plus de douleurs, mais encore un peu de lourdeur des jambes par moments.

Le 16 juillet, après le 12e bain, je conseille de

suspendre les bains pendant une dizaine de jours et de profiter de ce temps pour se reposer et se distraire sans se fatiguer.

Le 27 juillet, nous reprenons une série de bains analogue à la première, mais comme nous sommes plus aguerris, débutant par le bain d'un quart d'heure, nous arrivons à 40 minutes de bain rapidement, commençant à 37° se terminant à 38°; puis dès le 1er août, les bains sont portés à 45 minutes de durée qui restent leur moyenne.

Au bout d'une saison double, ainsi menée jusqu'à 50 bains, cette dame cesse son traitement le 25 août, complètement remise. Elle a passé un très bon hiver, sans douleurs rhumatoïdes, souffrant beaucoup moins du ventre au moment de ses époques et traversant la plupart d'entre elles sans souffrances. Depuis trois ans, le bénéfice des saisons que cette malade a répétées se fait sentir ; mais, comme elle est fort imprudente et qu'en dehors de ses saisons à Néris elle néglige la plupart des précautions que lui impose son état précaire de santé, qu'elle a commis, entre autres, l'imprudence de sécher les plâtres de deux résidences nouvellement bâties qu'elle a habitées trop hâtivement, elle a, de temps à autre, des reprises de douleurs, quoique moins intenses, aussi lui tarde-t-il de reprendre son traitement à Néris, chaque année. Elle le prolonge volontiers jusqu'à 55 bains par saison et 22 douches chaudes à 38°, entrecoupés de longs stades de repos intermédiaires, y trouvant toujours le soulagement de ses misères et la facilité de traverser plus victorieusement l'année qui suit.

Neuro-arthritisme. Rhumatisme ancien.

M. M... est atteint de Rhumatisme dont la première crise aiguë remonte à cinq ans et dont chaque hiver ramène une poussée, celle de l'hiver précédent lui a laissé une impotence prononcée des deux jambes dont les articulations sont empâtées, à mouvements douloureux, principalement les deux genoux, les deux cous de pied et les orteils du pied droit. Le cœur ne présente pas de symptômes morbides. Une grande émotivité nerveuse provoque néanmoins des palpitations fréquentes ainsi que des hésitations et des maladresses dans les mouvements quand le désir de les accomplir convenablement ou l'attention sont surexcités. Le malade est également affecté de dyspepsie et de constipation.

Inauguré le 16 août, le traitement consiste en bains progressivement poussés jusqu'à une heure de durée et portés de 35° à 36° et 37°, suivis de douches chaudes, tous les deux jours, à 38° alternées avec un courant d'eau chaude à 39° sur les pieds poussé progressivement jusqu'à 45°. Chaque bain est suivi de repos d'une heure au lit. En dépit de la difficulté des mouvements, le malade est incité à prendre l'air le plus possible dans la journée et à s'entraîner à l'activité. Au bout du dixième bain, pris le 29 août, les pieds sont totalement désenflés et les diverses articulations deviennent plus souples. Dans l'intervalle, une chasse intestinale a dû être prescrite par suite d'un léger état saburrhal à la suite des six premiers bains pris. La constipation ordinaire est, à la suite, combattue par un lavement quotidien à l'eau tiède de Néris. Des massages dans le bain sont, en outre, recommandés et, au bout de trois semaines, le malade quitte la station en voie d'amélioration qui se parfait si bien à la suite d'une quinzaine de jours d'un repos relatif, que, l'hiver suivant, nous apprenons que son émotivité nerveuse si accentuée antérieurement s'est bien modifiée, que ses fonctions digestives et intestinales se sont régularisées et qu'il ne se ressent plus de ses douleurs.

Neuro-arthritisme. Obésité. Douleurs rhumatoïdes.

Mme U..., âgée de 33 ans, est atteinte d'obésité depuis l'âge de 20 ans. D'une taille de 1 mètre 68 centim., elle pèse 125 kilos. Son obésité est la cause pour elle d'oppressions et de palpitations, au moindre mouvement, et d'éruptions érythémateuses sur plusieurs endroits du corps. Elle est affligée, en outre, de douleurs rhumatoïdes des doigts, et particulièrement des mus-

cles de l'avant-bras et des épaules. Elle ressent
quelques douleurs lombaires également. Pen-
dan la nuit, elle souffre d'insomnies fréquentes
et de sensations de picotements dans les trois
premiers doigts de chaque main, ainsi que le
long des muscles des bras et principalement
dans ceux des deux épaules. Cœur plutôt faible,
mais régulier, le rein fonctionne bien. L'accoutumance aux bains se fait progressivement. La
malade commence par des bains à 34°, le 30 août,
de dix minutes de durée ; au sixième bain, elle
supporte 35° de température et des bains de vingt
minutes. Elle a, vers le septième bain, une pré-
cipitation très abondante d'urates dans ses urines qui continue jusqu'à la fin du traitement.
Quelques douleurs de reins un peu plus vives
se produisent à ce moment, et durent jusqu'au
douzième bain. Puis elle bénéficie, du douzième
au seizième bain, d'un grand amendement dans
les douleurs rhumatoïdes dont elle est affligée,
et elle commence à constater une perte de poids
de 1 kilo. Nous lui faisons boire un verre d'eau
minérale chaude après le bain pour augmenter
la diaphorèse. Nous inaugurons des massages
humides généraux et prudents, tous les deux
jours, et portons progressivement le bain toujours à 35°, à une durée de 35 et de 40 minutes.
Elle transpire abondamment pendant l'heure de
repos qui suit son bain. Au vingt-deuxième bain,
le 20 septembre, la malade a perdu 5 kilos de

poids, ses douleurs ont disparu ainsi que ses
érythèmes. Elle part enchantée de son traitement. Grâce au régime que nous lui conseillons,
à la suite de sa saison, nous savons que dans
son hiver elle a encore maigri de 7 kilos, et
qu'elle n'a pas eu de douleurs. L'année suivante,
elle vient faire une cure de complément. Elle ne
se plaint plus que de quelques craquements articulaires et de quelques douleurs vagues dans
les jambes et les côtes au moment de ses époques. Les sensations de picotements ne se produisent plus que très rarement dans la main
gauche et n'y dépasent pas le coude. Elle fait
18 jours de traitement pendant lesquels elle
prend 8 bains à 35° et 10 douches-massages à
38°. Elle quitte la station ressentant un peu de
fatigue et ayant une avance de quatre jours de
ses époques, en voie de profiter de son séjour
très favorablement.

Neurasthénie. Douleurs rhumatoïdes.

M. H... après trois années d'insuccès de traitements divers suivis dans trois stations balnéai-
res différentes, vient à Néris non sans une cer-
taine prévention. Se livrant à l'ordinaire à des
travaux intellectuels, amenant chez lui quelque
surmenage, il se plaint de fatigue générale ac-
compagnée d'un pessimisme qui lui fait juger les

choses et les gens avec indifférence et même avec une défiance hostile, il souffre, en outre, de douleurs musculaires vague des avant-bras et des cuisses, avec points douloureux aux coudes, aux genoux et aux talons et sensation de fourmillements sous la plante des pieds dès qu'il se met à marcher. Il a, en outre, l'estomac très délicat, vit de régime et ne boit pas de vin.

Le 17 août, M. H... prend un premier bain à 33° de température d'une durée d'un quart d'heure. Ces bains augmentent progressivement de durée jusqu'à 40 minutes, et sont suivis à partir du cinquième bain, 21 août, de bains de pieds de Néris progressivement portés à 45° et à 3 minutes de durée .A partir du douzième bain, il est ajouté au traitement un verre d'eau minérale chaude de Néris à boire à la suite du bain. En dehors du traitement, le plus d'exercice possible au grand air, sans fatigue, toutefois, lui est recommandé. Après son vingtième bain, il quitte la station le 7 septembre dans d'excellentes conditions, libéré de son sentiment si tenace de fatigue, de ses douleurs et de ses fourmillements, et goûtant maintenant avec plus de satisfaction ce qui l'entoure et même la conversation de certaines personnes de ses relations.Il m'écrit quelques mois après:« Je me suis trouvé on ne peut mieux de mon traitement à Néris, à la suite duquel je me suis senti vraiment fort, au point de n'être plus ce qu'on appelle un malade. »

Neurasthénie. Tremblements émotifs. Névralgie lombo-abdominale.

M. Cl. se plaint d'avoir souffert depuis un an d'une série de douleurs rhumatoïdes dans différents régions du corps ; mais ce qui l'incite à venir à Néris, c'est qu'il y a un mois, il a été pris subitement d'une douleur lombo-abdominale tellement violente, qu'elle l'empêchait de faire tout mouvement. Il dut garder le lit une quinzaine de jours, et, depuis, il continue à souffrir et n'arrive à se redresser complètement que lorsqu'il a fait une bonne demi-heure d'exercice ; en restant debout d'une façon prolongée, il ne tarde pas à être repris de douleurs de reins, surtout à droite, s'irradiant dans l'aine, du même côté. Très émotif, par ailleurs, quand il soutient une conversation un peu prolongée, il est pris d'impatience, de crainte vague et de tremblements à l'occasion des gestes qu'il fait en parlant. D'un sommeil très agité, il a souvent des crampes dans les mollets pendant la nuit, nous observons d'ailleurs quelques dilatations variqueuses des veines et des jambes; affecté de quelque paresse stomacale, il exagère les précautions qu'il prend à ce sujet.

Il prend son premier bain le 22 juillet à 34° 1/2 d'une durée d'un quart d'heure et rapidement le prolonge jusqu'à 35 minutes, poussant la température à 35° et 36°. La sédation nerveuse qui en résulte ne tarde pas à se faire sentir, les nuits deviennent meilleures, J'en profite pour recommander des douches chaudes à 38° sur les reins et les aines et des frictions à la Nérisine sur ces régions après l'essuyage. A la suite du douzième bain, mon malade se sent plus assoupli et se redresse sans ressentir d'exaspération de sa douleur qui devient progressivement obtuse. Je lui conseille, en dehors de l'heure de repos au lit que je lui fais prendre à la suite de chacun de ses bains, de prendre le plus qu'il pourra d'exercice au grand air; au quinzième bain, il ne se ressent plus de ses douleurs et peut faire, sans en être incommodé, de longues promenades à pied. Son appétit se régularise, et, à sa faveur, le régime que s'était imposé le malade, étant par lui moins strictement surveillé, il accepte plus volontiers le régime ordinaire de son hôtel. Après avoir pris son vingtième bain et 8 douches suivies de frictions, il se sent tellement dispos, qu'il quitte la station affranchi de ses douleurs et de ses préoccupations au sujet de sa santé, avec beaucoup moins d'émotivité et des nuits très réconfortantes. L'année qu'il a passée par la suite a été très satisfaisante aussi à la saison suivante, est-il venu à Néris faire une cure de confirmation et de reconnaissance.

Neurasthénie. Douleurs d'hyperesthésie localisées.

M..., âgé de soixante ans, est atteint, depuis

vingt ans, d'une douleur plus ou moins violente, suivant les jours, localisée à la pointe des deux rotules. Cette douleur va en s'exaspérant avec les années, et, bien qu'elle soit en tous temps sentie vaguement, il y a des jours où elle devient intolérable et s'accompagne également de douleurs aux reins et le long des nerfs sciatiques ; le malade souffre alors beaucoup et est obligé de garder le lit. Le toucher brusque des deux rotules détermine une sensation douloureuse très vivement ressentie. A l'ordinaire, il ressent à ce niveau comme une sensation douloureuse de brûlure de la peau, le plus généralement très vague, sur une surface équivalente à une pièce de quarante sous. Au moment des crises d'exaspération de la douleur, elle est ressentie comme térébrante et insupportable à l'occasion des mouvements ; alors, outre le contact direct, le moindre froissement du sciatique détermine une recrudescence aiguë de la douleur localisée. Au moment de ces crises douloureuses, pas plus que dans leur intervalle, on ne peut rien relever d'objectif autre que la mimique du malade qui trahit, au moindre mouvement, une souffrance exaspérée. Il souffre aussi quelquefois de douleurs des chevilles, mais il les rattache à des entorses antérieures et elles n'ont rien de comparable à celles dont il vient demander le soulagement à Néris. En dehors de l'application locale de papier épispastique Wlinsi, rien n'a pu le soulager et c'est en vain qu'il a essayé de

bénéficier de six saisons de traitement dans trois
stations différentes, justement réputées, sans
obtenir de soulagement, aussi se soumet-il à notre direction sans aucun espoir. D'un nervosisme
général très excitable, notre malade se plaint, en
outre, d'un peu de dyspepsie et de constipation.
Les réflexes sont normaux, l'examen des réflexes pupillaires ne nous permet de relever que
cette particularité, que nous a signalée, du reste,
le médecin de M. C..., que la pupille droite est
constamment plus dilatée que l'autre.

Le traitement consiste en bains de baignoires
puis de piscine, portés progressivement à 60
minutes de durée, de 35° à 36° de température
et suivis tantôt d'une douche à 38° avec jet de
terminaison à 39° et 40° sur les pieds, tantôt
de douches-massages générales à 37°. Le soir,
en se couchant, le malade fait des frictions à la
Nérisine. Après son troisième bain, le 19 juin,
qui n'a été cependant que de 20 minutes de durée à 35° suivi seulement d'un bain de pieds
chaud de 2 minutes à 40°, il est pris d'une
crise de douleurs qui dure trois jours, pendant
lesquels il ne prend d'autre traitement que des
frictions locales, tantôt à la Nérisine, tantôt à
l'Ulmarène et du Pyramidon pour assurer son
sommeil. C'est à la reprise de son quatrième
bain, le 23 juin que commence l'administration
des douches; le malade n'est plus obligé par la
suite, de suspendre son traitement balnéaire en
dehors de deux jours de repos que je lui con-

seille à la suite du sixième bain et du dix-neu-
vième bain. Après avoir pris 22 bains, 7
douches-massages et 9 douches chaudes, il quitte
la station le 13 juillet se sentant simplement amélioré.

Ce n'est qu'après sa crise post-thermale, c'est-
à-dire 15 jours après la cessation de son traitement, qu'il ressent le véritable bénéfice de sa
saison à Néris, qu'il juge alors vraiment satis-
faisant, et il m'écrit au printemps suivant : « Ja-
mais aucune saison d'eaux ne m'a fait autant
de bien que celle de Néris, je n'ai presque pas
souffert jusqu'au mois de janvier... » Aussi, se
propose-t-il de nous revenir, ayant eu depuis une
rechute, pour parfaire sa guérison par un complément du traitement qui est le seul, jusqu'ici,
à lui avoir si bien réussi.

Neurasthénie. Psychose obsédante dépressive.

Mme R..., âgée de 45 ans, arrive à Néris dans
un état de dépression morale très prononcée,
elle se désintéresse absolument de toute occupa-
tion, pour se lamenter et pleurer au sujet d'in-
quiétudes qui sont devenues pour elle de véritables idées fixes sous l'impression de malheurs
qu'elle sent inévitables à l'occasion de la grossesse d'une fille qu'elle chérit dont les débuts
ont été tourmentés par des vomissements tena-
ces. Ni les soins affectueux d'une autre fille, ni

ceux de son mari ne peuvent l'arracher aux crises larmoyantes que cette idée provoque plusieurs fois par jour et par nuit. Le reste du
temps, suivant sa propre expression, « elle vit
machinalement ». Dans cet état depuis quatre
mois, bien que la santé de sa fille soit devenue
aussi bonne que possible pour sa situation, elle
désespère tout le monde autour d'elle par sa
prostration mélancolique. Sans appétit, elle se
plaint, en outre, de quelques palpitations cardiaques, d'un peu d'oppression, d'insomnie, d'irri-
tabilité nerveuse, de quelques étourdissements,
de quelques rares mouvements fébriles et de sensations vagues de lourdeur dans les reins, ainsi
que d'une grande lassitude.

L'examen des urines, comme celui des différents organes, ne révèle rien d'anormal. Le
pouls est soutenu quoique un peu vif, à 80. Le
traitement de Néris est inauguré le 19 août, par
un bain à 32° d'un quart d'heure de durée. Après
le second bain, la malade a dormi pendant la
nuit. Les bains sont continués et augmentés
d'une durée de cinq minutes, leur température
est portée progressivement à 33°, 34°, 35°.

Au septième bain, la malade proclame qu'elle
se sent plus calme, malgré que l'insomnie continue à être son lot le plus fréquent. Elle constate
qu'elle vit bêtement, sans penser, parce que penser la fatigue et la ramène à se désespérer. Sur
nos incitations, elle se laisse plus aller à subir la vie sans se tourmenter.

Le huitième et le neuvième jour du traitement, 26 et 27 août, elle retombe dans la tristesse, se sent déprimée et soupire constamment.

Je suspens le bain 24 heures, et, comme je constate un peu d'état saburrhal, j'en profite pour provoquer une légère chasse intestinale.

A la reprise du bain, elle inaugure après lui des bains de pieds à 38° d'une durée de trois minutes et s'astreint plus exactement à prendre après chaque bain un repos de trois quarts d'heure dans sa chambre. Tout le reste de la journée, elle vit au grand air, faisant quelques petites promenades et restant assise le plus souvent.

Au douzième bain, le pouls est régulier, elle mange mieux, est moins attristée, prenant plus volontiers part à la conversation, mais elle est toujours très fatiguée par l'insomnie et je dois lui permettre de prendre une cuillerée à café de Bromidia, un soir sur deux.

Des douches tièdes, à la suite du bain, sont inaugurées, mais la malade prétend s'en sentir incommodée et je les suspends. A son vingt et unième bain, le 9 septembre, son état s'est bien amélioré, et elle en témoigne volontiers ; elle ne larmoie plus spontanément, elle se laisse relativement consoler quand on lui parle du sujet occasionnel de sa mélancolie. Je prie son entourage de continuer à éviter le plus possible toute conversation s'y rapportant, et lui affirme qu'à la suite de quelque repos pris par elle à la cam-

pagne, quand se produira, chez elle, ce que nous
appelons à Néris la crise post-thermale, elle
n'aura que de bonnes nouvelles à me donner.
C'est, en effet, ce qui se produisit ; au bout de
trois semaines, on m'écrivit qu'elle ne soupirait ni
ne larmoyait plus, qu'elle s'était remise à faire
de la musique, à reprendre progressivement sa
vie; elle ne conservait de la triste phase qu'elle
avait traversée que le souvenir. Je l'ai revue
souvent depuis ; elle jouit d'une bonne santé et
a repris sa gaieté.

RÉSUMÉ

DES INDICATIONS ET CONTRE-INDICATIONS

DU

Traitement de Néris

INDICATIONS

Le parti que l'on peut tirer des eaux de Néris contre la diversité des affections liées au neuro-arthritisme est très étendu. Le traitement de Néris s'applique avec les plus heureux succès à presque toutes *les maladies du système nerveux*, qu'il s'agisse d'affections centrales ou périphériques, aux *névroses*, aux *névropathies*, aux *pseudo-angines de poitrine*, à la *variété des névroses cardiaques*, aux *maladies des femmes liées au neuro-arthritisme*, ainsi qu'aux *rhumatismes* et aux *dermatoses neuro-arthritiques*..

CONTRE-INDICATIONS

Les contre-indications sont les *lésions récentes des centres nerveux*, *l'artério-sclérose*, les *maladies à hémorrhagies*, la *tuberculose*, le *cancer*, la *période aiguë des phlegmasies pelviennes*, la *période fébrile du rhumatisme aigu*, *l'apparition récente de l'endopéricardite*, *l'angine de poitrine vraie*, dans lesquels le traitement de Néris pourrait amener des accidents qu'il importe d'éviter.

Néris-les-Bains

RENSEIGNEMENTS GÉNÉRAUX

Saison de Juin au 1ᵉʳ Octobre

« **Situation.** — *Coquette petite ville située au cen-*
« *tre de la France (3.200 habitants), canton Est de*
« *Montluçon, département de l'Allier, sur la route*
« *nationale de Clermont à Tours ; desservie par la*
« *gare de Chamblet-Néris sur les lignes de Bor-*
« *deaux à Lyon et Genève, Paris-Montluçon, La*
« *Bourboule et le Mont-Dore ; réseau d'Orléans.*

« **Gare et Correspondances.** — *Service régulier*
« *de correspondance à tous les trains entre Néris*
« *et la gare de Chamblet (4 kilomètres, trajet en 25*
« *minutes) à l'aide d'omnibus confortables ; service*
« *spécial de messageries, grande et petite vitesse,*
« *colis postaux, etc.*

« *Les billets sont délivrés, et les bagages enre-*
« *gistrés, de toutes les gares pour Néris, et de Néris*
« *pour toutes les destinations, au bureau situé place*
« *des Thermes.*

« *Le trajet de Paris s'effectue en 6 h. 40, celui de*
« *Lyon en 6 h. 40, celui de Bordeaux en 7 h. 45.*
« *Marseille en 12 heures.*

« *Service régulier d'omnibus entre Néris et Mont-*
« *luçon (entreprise Bachet) du 1ᵉʳ juin au 30 sep-*
« *tembre.*

« **Topographie.** — *Néris est divisé en deux par-*

« ties distinctes : la ville proprement dite, dite le
« Bourg, dont les constructions sont groupées au-
« tour d'une vieille église romane bâtie à 379 m. d'al-
« titude; et le Bain, composé d'Hôtels, de Villas,etc.,
« entourant l'Etablissement thermal (354 m.). Le
« Bourg et le Bain sont reliés entre eux par la rue du
« Commerce et la rue Reignier, dont les maisons et
« les jardins s'étagent en amphithéâtre sur la pente
« d'un riant côteau incliné à l'ouest.

« Le pays n'a certainement pas la splendeur gran-
« diose des Pyrénées et des Alpes, mais il offre un
« sol tourmenté, une succession de collines riantes
« et vertes au charme captivant, des ravins profonds
« où murmurent des ruisseaux dont les ondes clai-
« res dévalent avec rapidité jusque dans le Cher.

« La section de la ligne de Paris entre Montluçon
« et Chamblet-Néris déroule son serpent de fer le
« long d'un ruisseau au fond d'un ravin bordé, tan-
« tôt de coteaux verdoyants, tantôt de rochers
« abrupts, au milieu d'un paysage d'une réelle
« beauté.

« Le terrain primitif de Néris et des environs est
« formé de roches granitiques, de grès, de mica, et
« contient en abondance du spath fluor, dit Pierre
« de Néris. A l'extrémité de la commune, vers Cham-
« blet et Commentry, s'étend un riche terrain houil-
« ler en pleine exploitation.

« Le sol, perméable, fertile et bien cultivé, produit
« surtout des légumes excellents.

« Le climat de Néris, en raison de son altitude
« modérée, est doux et régulier.

« La température moyenne, à midi, est de 21°2
« en juin, de 22°8 en juillet, de 22°5 en août, de 19°8
« en septembre. »

TABLE DES MATIÈRES

Paris. — Typ. A. DAVY. 52, rue Madame. — Téléphone

193

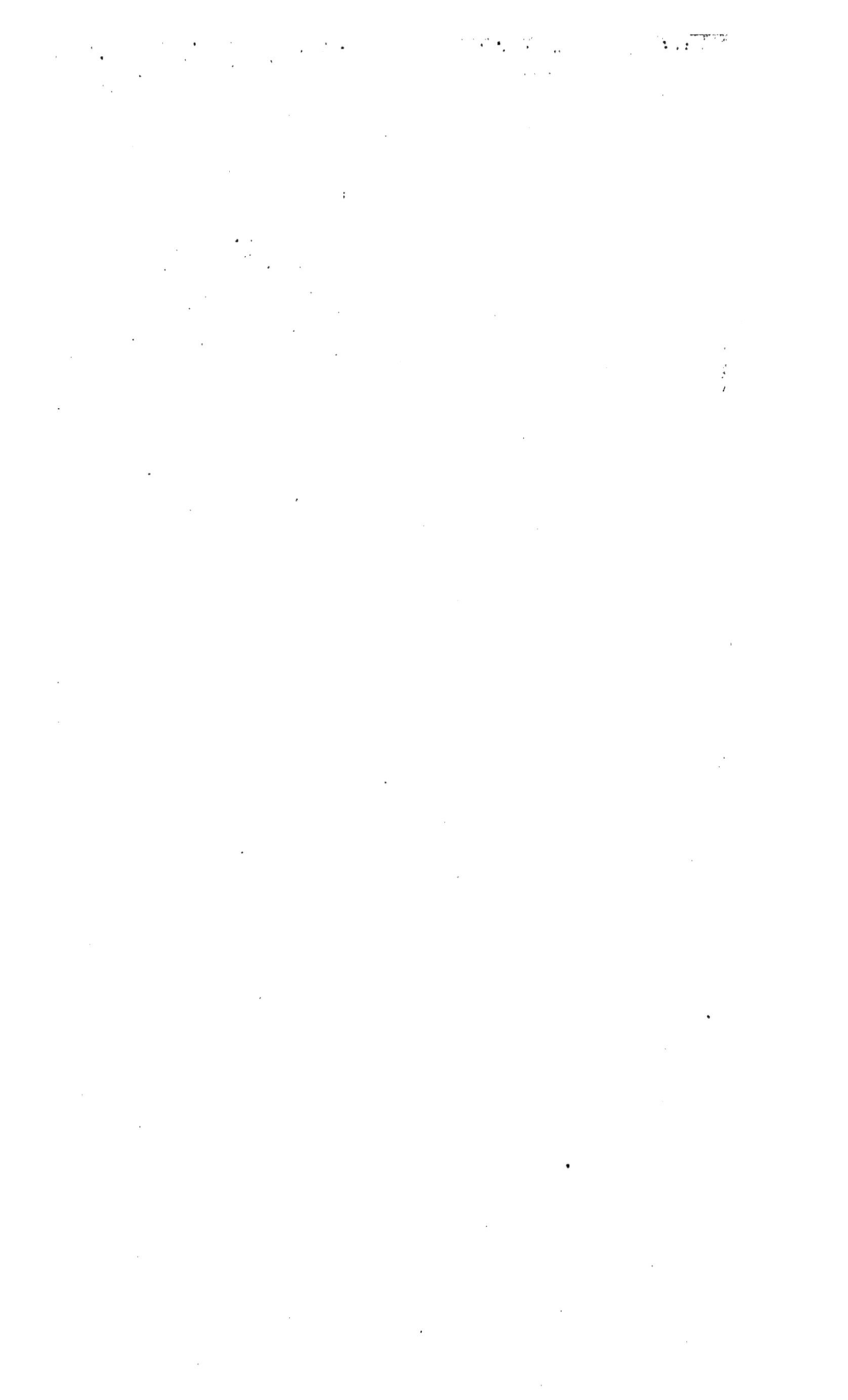

LE

NEURO-ARTHRITISME

et les

EAUX DE NÉRIS

(Allier)

Notice du Docteur F. BENOIT

Médecin-Consultant aux Eaux de Néris
Chevalier de la Légion d'Honneur
Officier du Nicham-If-Tikhar, etc.

———— •◆• ————

Paris

Typographie A. Davy

—

1905

www.ingramcontent.com/pod-product-compliance
Lightning Source LLC
Chambersburg PA
CBHW050527210326
41520CB00012B/2471